J. J. Kokott

Über das Wesen der Unendlichkeit

Ein neuer Ansatz

Der Autor

J. J. Kokott, geboren 1967 in Hindenburg/Oberschlesien, dem heutigen Zabrze, ist Diplom-Ingenieur und Senior Projektmanager. Er lebt mit seiner Familie in Erlangen und arbeitet dort zurzeit als Risikomanager für einen großen Mobilitätskonzern. J. J. Kokott ist der Autor von vier weiteren Büchern, welche ebenfalls im TWENTYSIX Verlag erschienen sind, *Wieviel Mensch verträgt das Klima?*, *Von Krösus bis Draghi*, *Über das Wesen von Primzahlen* und *Die Raumzeit ist ein hohler Kegel*. Neben seiner Management- und Schreibtätigkeit engagiert er sich ehrenamtlich bei einem Fußballverein und ist dort als Vorstand, Jugendtrainer und Schiedsrichter aktiv.

TWENTYSIX – Der Self-Publishing-Verlag
Eine Kooperation zwischen der Verlagsgruppe Random House und
BoD – Books on Demand

© 2021 Joachim Kokott
Home: https://j-j-kokott-2.jimdosite.com

Herstellung und Verlag:
BoD – Books on Demand, Norderstedt

Covergestaltung: BoD

Das Werk, einschließlich seiner Teile, ist urheberrechtlich geschützt.
Jede Verwertung ist ohne Zustimmung des Autors unzulässig. Dies
gilt insbesondere für die elektronische oder sonstige Vervielfachung,
Übersetzung, Verbreitung und öffentliche Zugänglichmachung.

Bibliografische Information der Deutschen Nationalbibliothek:
Die Deutsche Nationalbibliothek verzeichnet diese Publikation in der
Deutschen Nationalbibliografie; detaillierte bibliografische Daten
sind im Internet unter http://dnb.d-nb.deabrufbar.

ISBN: 9783740780821

J. J. Kokott

Über das Wesen der Unendlichkeit

Ein neuer Ansatz

Für Bianca, zum Geburtstag

Inhaltsverzeichnis

Kapitel 1   Vorwort

Kapitel 2   Axiome

Kapitel 3   Mengen

Kapitel 4   Die neue Unendlichkeit

Kapitel 5   Auswirkungen

Kapitel 6   Nachwort

Kapitel 1   Vorwort

„Die Unendlichkeit zieht sich ewig hin – besonders gegen Ende."

Frei nach *Woody Allen*

Kapitel 2   Axiome

Wenn man sich einem mathematischen Problem nähern möchte, kommt man nicht um sogenannte Axiome umhin. Das sind unumstößliche mathematische Wahrheiten, auf denen das ganze wissenschaftliche Universum ruht. Durch Beweise werden aus Axiomen Theoreme (beziehungsweise Sätze) und durch noch mehr Beweise noch mehr Theoreme und so setzt sich das Ganze unendlich fort. Vor über hundert Jahren hatten Mathematiker die Hoffnung, man könne alles beweisen – idealerweise sogar durch schlaue Maschinen – doch einer der ihren machte diese Hoffnung ziemlich schnell wieder zunichte, indem er Unvollständigkeiten in dem ganzen mathematischen Konstrukt bewies. Dazu später mehr.

Den ersten Satz von Axiomen formulierte 300 Jahre vor Christi Geburt wohl Euklid von Alexandria in einem 13-bändigen Werk namens *Elemente*. Eines dieser Axiome sagt zum Beispiel aus, dass eine Linie eine Länge ohne Breite ist, ein anderes, dass ein Dreieck immer die Winkelsumme 180° besitzt. Inzwischen wissen wir, dass Dreiecke in oder auf gekrümmten Flächen weniger oder mehr als 180° Winkelsumme haben, aber bis auf solche Feinheiten kann man die Leistung von Euklid gar nicht hoch genug bewerten und seine Wissenssammlung diente nicht umsonst rund 2.000 Jahre lang als Standardwerk der Mathematik. Eins seiner Axiome hat Generationen von Mathematikern um den Schlaf gebracht: das Parallelenaxiom. Es besagt, dass man (in einer ebenen Fläche) *zu jeder Geraden g und zu jedem nicht auf g liegenden Punkt P höchstens eine Gerade h findet, die zu g parallel ist und durch P verläuft.* Eine andere Formulierung dafür lautet, dass sich zwei Parallelen frühestens in der Unendlichkeit schneiden. Viele Mathematiker wollten beweisen, dass sich das Parallelaxiom aus anderen Axiomen herleiten/beweisen lässt – vergeblich.

Als nächstes wären die Peano-Axiome (auch Dedekind-Peano-Axiome genannt) zu nennen. Hervorhebenswert ist hierbei der Umstand, dass die deutsch-italienische Schöpfer mit nur 5 Axiomen ausgekommen sind, aus denen man alles andere in der Arithmetik (Zahlentheorie) ableiten und beweisen konnte. Im Gegensatz zu Euklid ist Dedekind-Peano also auch für Personen mit einer Schreib-Lese-Schwäche bestens geeignet. In diesen Axiomen wurde zum Beispiel die Zahl „0" eingeführt und auch festgelegt, dass jede natürliche Zahl eine natürliche Zahl als Nachfolger hat (100 folgt auf 99, 73 folgt auf 72, usw.), nur die Null folgt auf keine andere natürliche Zahl. Es wurde auch festgeschrieben, dass es unendlich viele natürliche Zahlen gibt.

Aller guten Dinge sind drei und deshalb wollen wir hier noch einen dritten Axiomen-Satz kurz vorstellen. Dieser ist nach den deutschen Mathematikern Zermelo und Fraenkel benannt. Bei den ZF-Axiomen ist es wieder Aus mit der Übersichtlichkeit, denn es gibt davon unendlich viele. Eines davon sagt zum Beispiel aus, dass Mengen genau dann gleich sind, wenn sie dieselben Elemente enthalten. Manchmal spricht man in dem Zusammenhang auch von den ZFA-Axiomen, wobei den ZF-Axiomen noch das sogenannte Auswahl-Axiom hinzugefügt wird. Dieses

Auswahl-Axiom ist eine wunderbare Sache, denn es ist „superelastisch" und beweist nahezu alles. Vereinfacht ausgedrückt sagt es aus, dass eine Auswahl (zum Beispiel von vollkommen gleichen Socken) möglich ist, jedoch nicht wie. Haben wir etwa da schon die Grenze der Wissenschaftlichkeit überschritten? Die Mathematiker von heute sagen, NEIN. Man müsse nicht alles was es gibt konstruieren können!

Damit sind uns bereits mehrfach die beiden Begriffe „unendlich" und „Mengen" erschienen. Mit beiden wollen wir uns in den nachfolgenden Kapiteln ausführlicher befassen.

Kapitel 3   Mengen

Als Vater der Mengenlehre gilt der deutsche Mathematiker Georg Cantor. In der zweiten Hälfte des 19. Jahrhunderts befasste Cantor sich mit Linien und Kreisen und stieß dabei auf das Problem der unendlichen Punkte (Objekte ohne Ausdehnung). Zur Lösung dieses Problems entwickelte er die allgemeine Mengenlehre und bewies darin, dass es zwei durch ihre „Mächtigkeit" unterscheidbare Unendlichkeiten gibt.

Die erste Unendlichkeit gilt zum Beispiel für die Menge aller natürlicher Zahlen, also 1, 2, 3, 4, 5…, die zweite und mächtigere Menge für die Menge aller reellen Zahlen, also zum Beispiel $\sqrt{2}$ oder π. Dazwischen liegt die Menge aller rationalen Zahlen, also Brüche. Zur Unterscheidung der Mächtigkeit von unendlichen Mengen führte Cantor den Begriff der Abzählbarkeit ein. Alles was einfach mächtig ist, ist abzählbar. Alles was „übermächtig" ist, ist überabzählbar. Zur ersten Gruppe gehören in jedem Fall die natürlichen, zur zweiten die reellen Zahlen. Und was ist mit den Rationalen Zahlen? Um diese Frage zu beantworten müssen wir ein wenig tiefer in Cantors Denkweise eintauchen.

Dazu beginnen wir mit einem Hotel, nach einem sehr bekannten deutschen Mathematiker auch Hilberts Hotel genannt. Dieses Hotel besitzt unendlich viele Zimmer, ist jedoch restlos ausgebucht. Nun kommt ein weiterer Gast, der untergebracht werden muss. Was bei Josef und Maria in Bethlehem noch zur Unterbringung in einem Stall führte, konnte Hilbert fast 2.000 Jahre später (theoretisch) eleganter lösen. In einer Massenumsiedlung rückt nun jeder bestehende Gast um ein Zimmer weiter und der neue Gast kann im freigewordenen Zimmer Nr. 1 einziehen. Da die Anzahl der Zimmer unendlich ist, gibt es keinen „letzten" Gast, der nicht in ein weiteres Zimmer umziehen kann. Mit einem vergleichbaren Mobilitätskonzept ist es sogar möglich, Platz für unendlich viele neue Gäste zu schaffen, sofern deren Menge „abzählbar" ist: Der Gast von Zimmer 1 geht wie vorher in Zimmer 2, der Gast von Zimmer 2 aber in Zimmer 4, der von Zimmer 3 in Zimmer 6 usw. Kurz gesagt, jeder Gast multipliziert seine Zimmernummer mit 2, um die neue zu erhalten. Damit werden alle Zimmer mit ungerader Nummer frei für die abzählbar unendlich vielen Neuankömmlinge. Daran kann man ersehen, dass die Unendlichkeit für Primzahlen ebenso wie für gerade Zahlen oder gleich alle natürlichen Zahlen gleich mächtig ist.

Bei reellen Gästen/Zahlen funktioniert weder ein theoretisches Hotel noch eine Ferienwohnung noch eine B&B Herberge. Es bleiben immer Gäste auf der Straße, und zwar unendlich viele! Das liegt daran, dass deren Menge überabzählbar unendlich ist und somit viel mächtiger als die Menge/Unendlichkeit der natürlichen Gäste. So weit so gut. Was ist aber nun mit rationalen Gästen – also quasi gespaltenen Persönlichkeiten? Anders als vielleicht vermutet verhalten sich diese ebenso wie die natürlichen Normalos, und auch für sie findet sich Platz in der kleinsten (unendlichen) Hütte – zumindest, wenn es nach Georg Kantor geht. Zum Nachweis konstruierte er als erster Mathematiker überhaupt einen Diagonalbeweis. Diesen kann man sich als ein zweidimensionales Schema mit der folgenden Anordnung vorstellen:

$$
\begin{array}{ccccc}
\frac{1}{1}\,(1) \rightarrow & \frac{1}{2}\,(2) & \frac{1}{3}\,(5) \rightarrow & \frac{1}{4}\,(6) & \frac{1}{5}\,(11) \rightarrow \\
\swarrow & \nearrow & \swarrow & \nearrow & \\
\frac{2}{1}\,(3) & \frac{2}{2}\,(\cdot) & \frac{2}{3}\,(7) & \frac{2}{4}\,(\cdot) & \frac{2}{5}\,\cdots \\
\downarrow \nearrow & & \swarrow \nearrow & & \\
\frac{3}{1}\,(4) & \frac{3}{2}\,(8) & \frac{3}{3}\,(\cdot) & \frac{3}{4} & \frac{3}{5}\,\cdots \\
& \swarrow & \nearrow & & \\
\frac{4}{1}\,(9) & \frac{4}{2}\,(\cdot) & \frac{4}{3} & \frac{4}{4} & \frac{4}{5}\,\cdots \\
\downarrow \nearrow & & & & \\
\frac{5}{1}\,(10) & \frac{5}{2} & \frac{5}{3} & \frac{5}{4} & \frac{5}{5}\,\cdots \\
\vdots & \vdots & \vdots & \vdots & \vdots
\end{array}
$$

Auf diese Weise gelingt die folgende Abzählung von positiven rationalen Zahlen: 1, ½, 2, 3, (2/2 lässt man weg), 1/3, ¼, 2/3, 3/2, 4, 5, (4/2, 3/3 und 2/4 lässt man wieder weg), usw. Und was abzählbar ist, ist gleich mächtig mit der Menge der natürlichen Zahlen!

In einem weiteren (endlichen) Lebensabschnitt befasste sich Cantor noch mit der Frage, ob es denn unendliche Mengen gibt, geben kann, die in ihrer Mächtigkeit zwischen den natürlichen und den reellen Zahlen liegen. Solche Mengen fand er jedoch nicht und fasste seine Studienergebnisse in der sogenannten Kontinuumshypothese zusammen, die im Jahr 1900 vom Hotelbetreiber Hilbert höchstselbst zum drängendsten mathematischen Problem überhaupt erklärt wurde. Bis heute bemühen sich Mathematiker um eine Lösung, wobei immer noch ein höchst bedauerlicher Zwischenstand aus den 1960er Jahren seine Gültigkeit besitzt. Demnach erlauben die hier bereits kurz vorgestellten ZF Axiome der Mengenlehre keine Entscheidung in dieser Frage - und dummerweise haben wir keine anderen.

Der Autor versucht im nun folgenden Kapitel einen möglichen Ausweg aus dieser Sackgasse zu skizzieren, der allerdings den erheblichen Nachteil hat, dass er auch für mathematische Laien ohne weiteres verständlich ist.

Kapitel 4   Die neue Unendlichkeit

Bereits Cantor hatte Probleme, seiner eigenen Forschung zu trauen und schrieb eines Tages an seinen Freund Dedekind (kennen wir bereits von den 5 Axiomen der Arithmetik): „Ich sehe es, aber ich glaube es nicht". Was wenn sein Bauchgefühl recht hatte und mit seinen Erkenntnissen tatsächlich, zumindest teilweise, etwas nicht stimmte? Um diesen Zweifel zu entkräften, versuchen wir zum selben Ergebnis (die Mengen der natürlichen und der rationalen Zahlen sind gleich mächtig) auf einem anderen Weg zu kommen, statt eines diagonalen versuchen wir es nun mit einem eher linearen Beweis und tragen die folgenden Zahlenreihen untereinander auf:

1	2	3	4	5	6	7	...
1/1	½	1/3	¼	1/5	1/6	1/7	...

Was wir nun sehen ist, dass es zu jeder natürlichen Zahl (mit Ausnahme der Null, aber das stört uns hier nicht) eine „entsprechende" rationale Zahl allein im Bereich zwischen 0 und 1 gibt. Und eigentlich gibt es ja noch viel mehr rationale Zahlen zwischen 0 und 1, sogar überabzählbar viele davon!

¾	3/5	3/7	3/8	3/10	3/11	3/13	...
5/6	5/7	5/8	5/9	5/11	5/12	5/13	...
...							

Das legt doch eher den Schluss nahe, dass es so etwas wie unendlich mal unendlich (also $\infty * \infty$) viele rationale Zahlen gibt – also genauso wie bei der Menge der reellen

Zahlen. Ergo stimmt Cantors Definition der Mächtigkeit nicht und/oder der Diagonalbeweis führt in die Irre. Und wenn wir diesen Gedanken weiterspinnen (dürfen), dann sollte man unterschiedlich unendliche Mengen vielleicht besser (weil logischer) so definieren:

Eine unendliche Menge U ist genau dann „einfach-mächtig", wenn zwischen zwei beliebige Elemente dieser Menge eine <u>endliche</u> Zahl von anderen Elementen dieser Menge passt.

Eine unendliche Menge U^2 ist genau dann „doppel-mächtig", wenn zwischen zwei beliebige Elemente dieser Menge eine <u>unendliche</u> Zahl von anderen Elementen dieser Menge passt.

Als positiver Nebeneffekt ließe sich mit dieser Definition die Kontinuumshypothese einfach mit „ist korrekt" endgültig abhacken. Am besten versteht man das vielleicht, wenn man die Sache auf unsere Grundrechenarten überträgt. Einfach-mächtige Mengen sind so etwas wie Addition (Anzahl aller geraden natürlichen Zahlen plus der Anzahl aller ungeraden natürlichen Zahlen ist gleich die Summe aller natürlichen Zahlen), während doppel-mächtige Mengen so etwas wie Multiplikation sind (Anzahl aller natürlichen Zahlen mal Anzahl aller Brüche aus natürlichen Zahlen). Es gibt nichts dazwischen, genauso wie es keine Operation zwischen *Plus* und *Mal* gibt.

Kapitel 5   Auswirkungen

Dieses neue Verständnis der Unendlichkeit brächte allerdings den einen oder anderen mathematischen Kollateralschaden mit sich. Zum Beispiel müsste man dann die berühmten *Gödel'schen Unvollständigkeitssätze* in Zweifel ziehen – weil das österreichische Mathegenie dafür ebenfalls einen Diagonal-beweis verwendet hat – und als Folge dessen hätte unter anderem das *Lucas-Penrose Argument*, wonach künstliche Intelligenz niemals die menschliche Intelligenz toppen kann, ihre Daseinsberechtigung verloren. War diese Beweiskette zu schnell? OK, dann das ganze nochmal, nur einen Gang langsamer.

Die Gödel'schen Unvollständigkeitssätze besagen, dass jedes formale (maschinenlesbare) System, dass zumindest mächtig genug ist, um eine Theorie der natürlichen Zahlen zu liefern (zum Beispiel die fünf Dedekind-Peano Axiome), zwangsläufig keine Aussagen erlaubt, die gleichzeitig widerspruchsfrei und beweisbar sind. Damit sind sie so etwas wie die *Heisenbergsche Unschärferelation* in der Physik. Hier kann man in einem formalen System Widerspruchsfreiheit und (Negations-) Vollständigkeit nicht gleichzeitig haben, dort kann man Ort und Impuls eines Quants nicht gleichzeitig genau bestimmen. Nun muss nicht alles, was in der Physik denkbar ist, in der Mathematik wahr sein – und umgekehrt (Beispiel „Stringtheorie", jedenfalls wenn man sie in mindestens zehn Dimensionen berechnet). Meistens gehen diese beiden wissenschaftlichen Disziplinen aber Hand in Hand.

Für den Beweis nutzte Gödel einen in sich widersinnigen Satz („Gödel liegt immer falsch"), die Formensprache aus der *Principia Mathematica* – es heißt, dass Gödel der einzige Mensch gewesen sei, der beim Lesen dieses 3-bändigen Mammutwerks nicht vorm Ende eingeschlafen ist – und eben die Cantor'sche Diagonalmethode. Als Zwischenergebnisse und Input für das Diagonalschema gab es sogenannte Gödel-Nummern, hohe Zahlen die sich eindeutig in Primzahlen und formale Zeichen runterbrechen lassen. Damit zerstörte Gödel die Hoffnungen vieler Mathematiker nach einer vollständigen und widerspruchsfreien Mathematik, nur kurz nachdem diese durch Hotelier Hilbert überhaupt erst formuliert wurden.

Wenn nun diese Unvollständigkeitssätze nicht stimmen, weil der Diagonalbeweis in die Irre führt, dann ist die Mathematik doch noch zu retten aber auch künstliche Intelligenz (KI) auf menschlichem Niveau denkbar – jedenfalls wenn es uns eines Tages gelingt, neuromorphe KI-Chips zu bauen, welche die energiehungrige Trennung zwischen Prozessor und Speicher aufheben. Roboter können jedenfalls nicht mit unvollständigen Sätzen oder nicht widerspruchsfreien Situationen umgehen, so das Argument der beiden noch lebenden Engländer John Lucas (mit Starwars Lucas weder verwandt noch verschwägert) und Roger Penrose (der mit dem schwarzen Loch).

Damit sind wir am Ende, was sich irgendwie komisch vollständig – und damit überhaupt nicht gödelsch – anhört, erst recht in einem Buch über die Unendlichkeit!

Kapitel 6   Nachwort

"So protestiere ich gegen den Gebrauch einer unendlichen Größe als einer vollendeten, welche in der Mathematik niemals erlaubt ist. Das Unendliche ist nur eine Façon de parler."

Carl Friedrich Gauß

Danksagung

Vielen Dank an Prof. Edmund Weitz für seine kurzweiligen, anspruchsvollen aber auch gleichzeitig gut verständlichen Mathematik Videos.